誰是香港地貌冠軍？

認識香港不同的地貌

麥曉帆　著
李成宇　繪

新雅文化事業有限公司
www.sunya.com.hk

香港有一座山名為獅子山，它坐落於九龍和新界之間。

某天，一場大雨過後，「轟隆」一聲，一小塊花崗岩從獅子山身上剝落下來，它的外形就像一隻小石獅。

「親愛的石獅安安，歡迎你。」石獅爸爸呵呵笑着說。

石獅安安可以自由行動出來玩啦！他身上的泥土還沒抖落，就已經想着去看看這個世界。

文化知多點

獅子山有什麼特殊意義？

二十世紀中期，大部分的香港市民都住在獅子山南面的九龍。他們很多都是較為貧苦的平民，卻依然辛勤工作，期求拼搏出美好的未來，代表了典型的香港社會文化，因此很多人都以「獅子山下」來借代香港社會呢！

知識加油站

什麼是花崗岩？

花崗岩來自火山內的岩漿，這些岩漿沒有噴出地面，而是在地底下慢慢冷卻，形成花崗岩，岩質特點是容易被風雨侵蝕而剝落。花崗岩主要分布在香港的市區，是我們常見的岩石類型。

下山途中，石獅安安來到一塊名為「望夫石」的大石頭前。

望夫石原來是個大明星呢！她曾獲選為香港最美岩石第一名，很多登山客都慕名而來欣賞她的形態。

在登山客的鼓勵下，石獅安安決定要走遍香港，認識各種地貌。
看！那邊就是九龍，很漂亮吧？
文化知多點
望夫石的名稱是怎樣來的？
望夫石是一塊足足有15米高的花崗岩巨石，因長期受到風雨侵蝕，表面產生裂隙，令部分岩石剝落，形成現在的樣子。在巨石的頂上有一大一小的兩塊石塊並排着，遠遠看去像一位婦人背着小孩在遠望海景。因此，有人說這是一位母親和孩子在盼望遠航的父親歸來呢！
動動腦筋
望夫石距離海邊越來越遠？
從前，在望夫石下不遠處就是沙田海，現在卻變成了高樓林立的地方，為什麼呢？（答案見第31頁）

這兒好高！石獅安安來到新界中部，發現自己面前有一座宏偉壯觀的高山 —— 大帽山。

「大帽山先生，你長得真高！」石獅安安驚歎。

「當然啦，我是香港最高的山峯，身高957米，大約有342層樓的高度！」大帽山自豪地說。

大帽山還介紹石獅安安認識香港第二高和第三高的山峯，他們分別是鳳凰山和大東山。這三座高山主要由火山岩組成，是石獅安安的遠房親戚呢。

什麼是火山岩？

火山岩是火山爆發時，噴出的岩漿和灰燼在地面快速冷卻而成。火山岩的結晶很緊密，抗侵蝕的能力較其他岩石（例如花崗岩）要高，所以可以形成高山，例如大帽山、鳳凰山和大東山。

為什麼說石獅安安跟大帽山、鳳凰山和大東山是遠房親戚？

石獅安安是花崗岩，而三座高山都是由火山岩組成的。這兩種岩石的形成都和火山活動有關，所以說他們是遠房親戚。

石獅安安說：「我剛剛認識了獲得最美岩石選舉第一名的望夫石，現在又認識了你們，我好開心啊！」

大帽山聽見望夫石得了獎，也連忙說：「我除了長得高以外，還可以產生地形雨，對香港的天氣影響也很大！」

原來經過香港的氣流，遇上大帽山後被抬升，隨着溫度下降而形成降雨，為局部地區帶來不少珍貴的雨水呢！

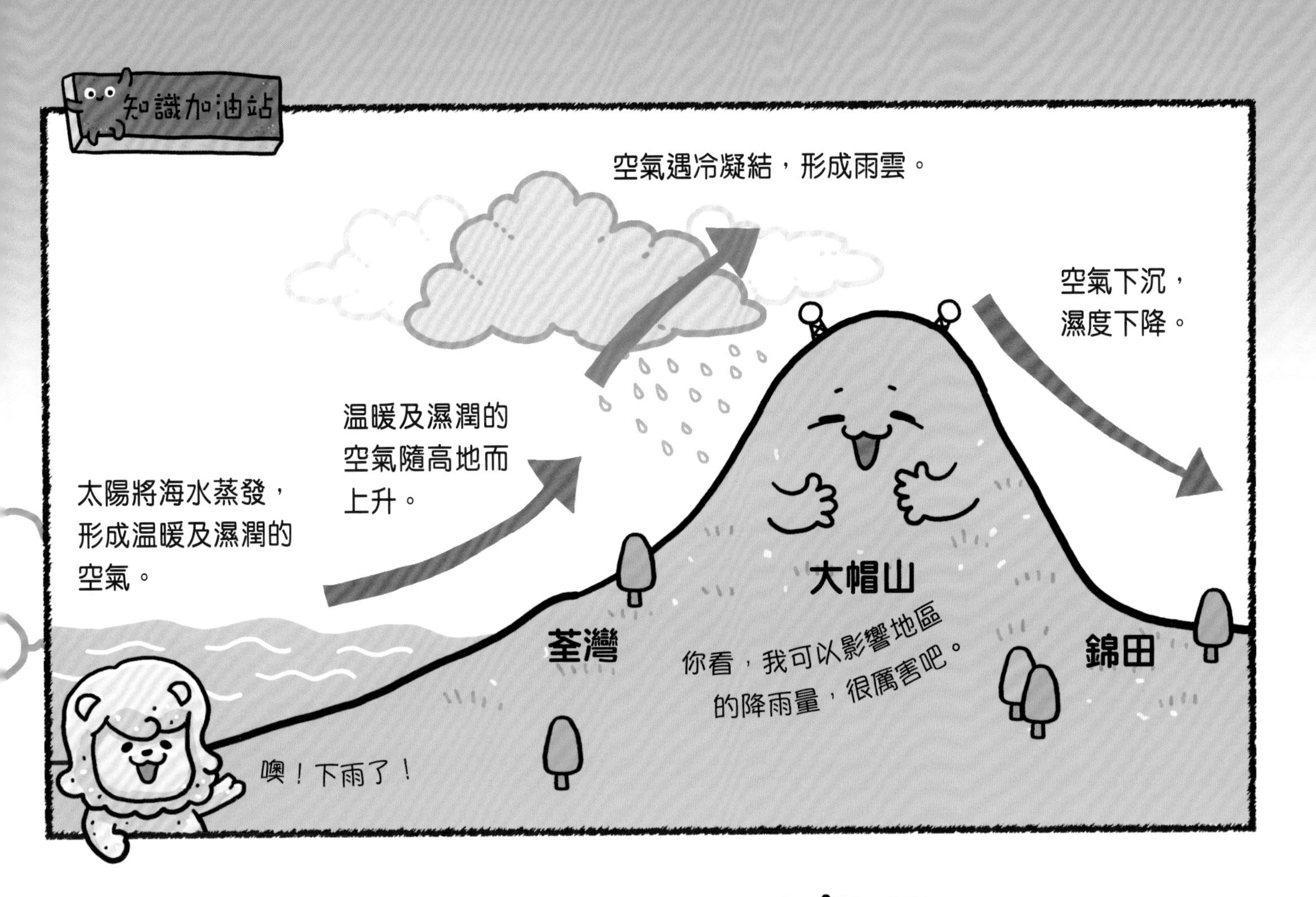

知識加油站

在山背面的地方，就不會下雨嗎？

不是的。如果雨雲又厚又高，部分雨雲越過山後仍有剩餘的水氣，就會給山背面的地方造成降雨，只是雨量較少而已。

這些雨水又會流到哪裏去呢？石獅安安沿着河流下山，來到大埔，遇上了全香港最高的瀑布 —— 梧桐寨瀑布羣的主瀑。它上下全長超過30米，接近11層樓的高度！
石獅安安，由你來評評哪個地貌最棒吧，我肯定是第一名。
好……好吧，但這讓我有點為難呢！

這條瀑布，因河水流經地殼的斷層位置而形成高低落差，遠遠看去像長長的綢緞，漂亮極了！

梧桐寨瀑布知道石獅安安要走遍香港，便建議他做評判，選出香港最佳地貌。石獅安安答應了。

知識加油站

瀑布的形成過程是怎樣的？

瀑布的形成有不同原因，例如梧桐寨瀑布跟河水流經地殼的斷層位置有關。岩層發生斷裂後，造成高低落差，因而形成瀑布。

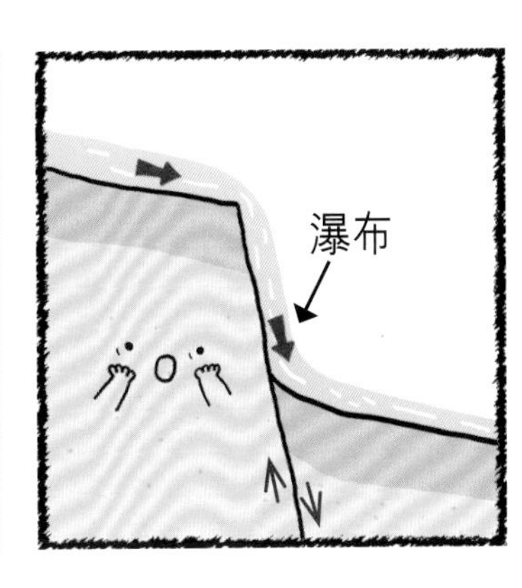

此外，有些瀑布的形成跟河水侵蝕有關。河水流經軟、硬岩石，軟岩石被侵蝕得較快，河水越過硬岩石傾瀉而下，便形成瀑布。

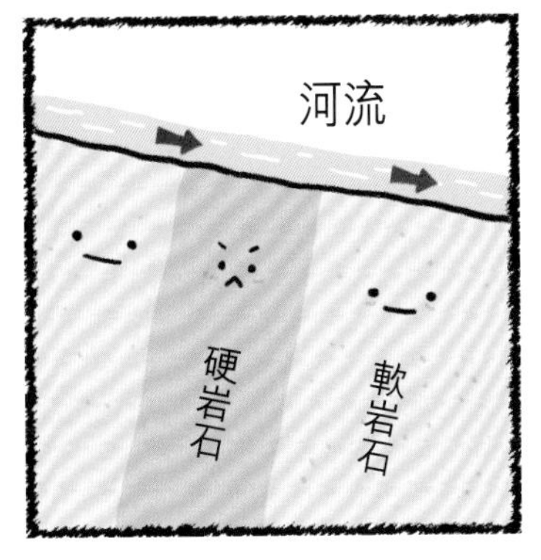

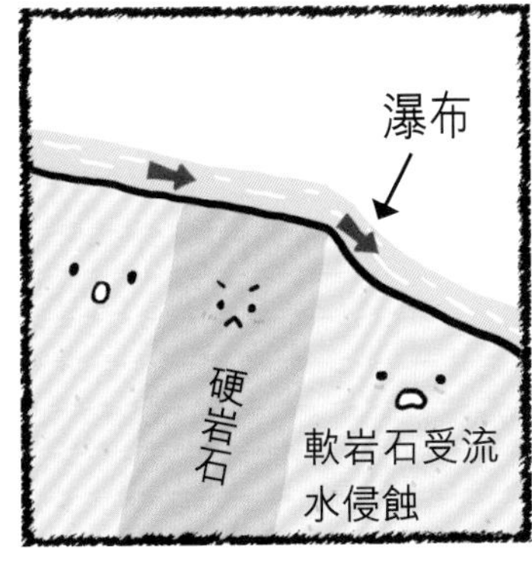

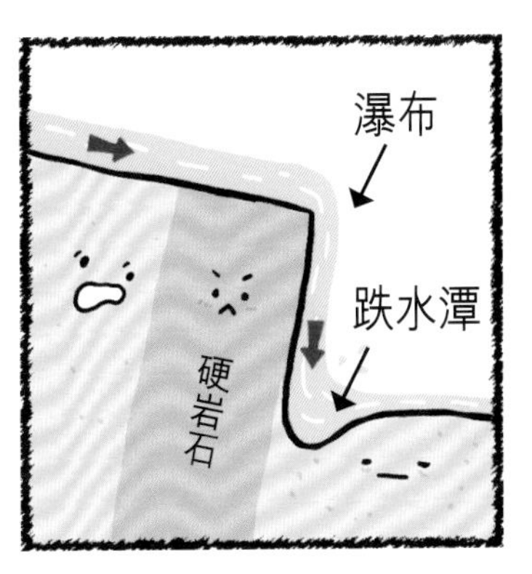

告別梧桐寨瀑布後，石獅安安繼續前進。

突然，他眼前一亮！嘩，這平原好廣闊、好讓人心曠神怡！原來這兒是元朗平原，也是香港最大的沖積平原！

它位於河流的下游位置，由上游帶來的大量泥沙沉積而成。

人們以前曾經在這兒種植大片稻米，養活了不少家庭，現在已經發展為新市鎮了。

元朗平原知道石獅安安想見識更多不同地貌，便提議：「西貢有個香港地質公園，那裏有許多特色地貌，你可以去看看。」

「謝謝你，平原大哥！」石獅安安開心地說。

石獅安安來到香港地質公園，看到了香港儲水量最高的水塘 —— 萬宜水庫，也欣賞到令人歎為觀止的地貌。

「嘩！好漂亮的岩柱！」

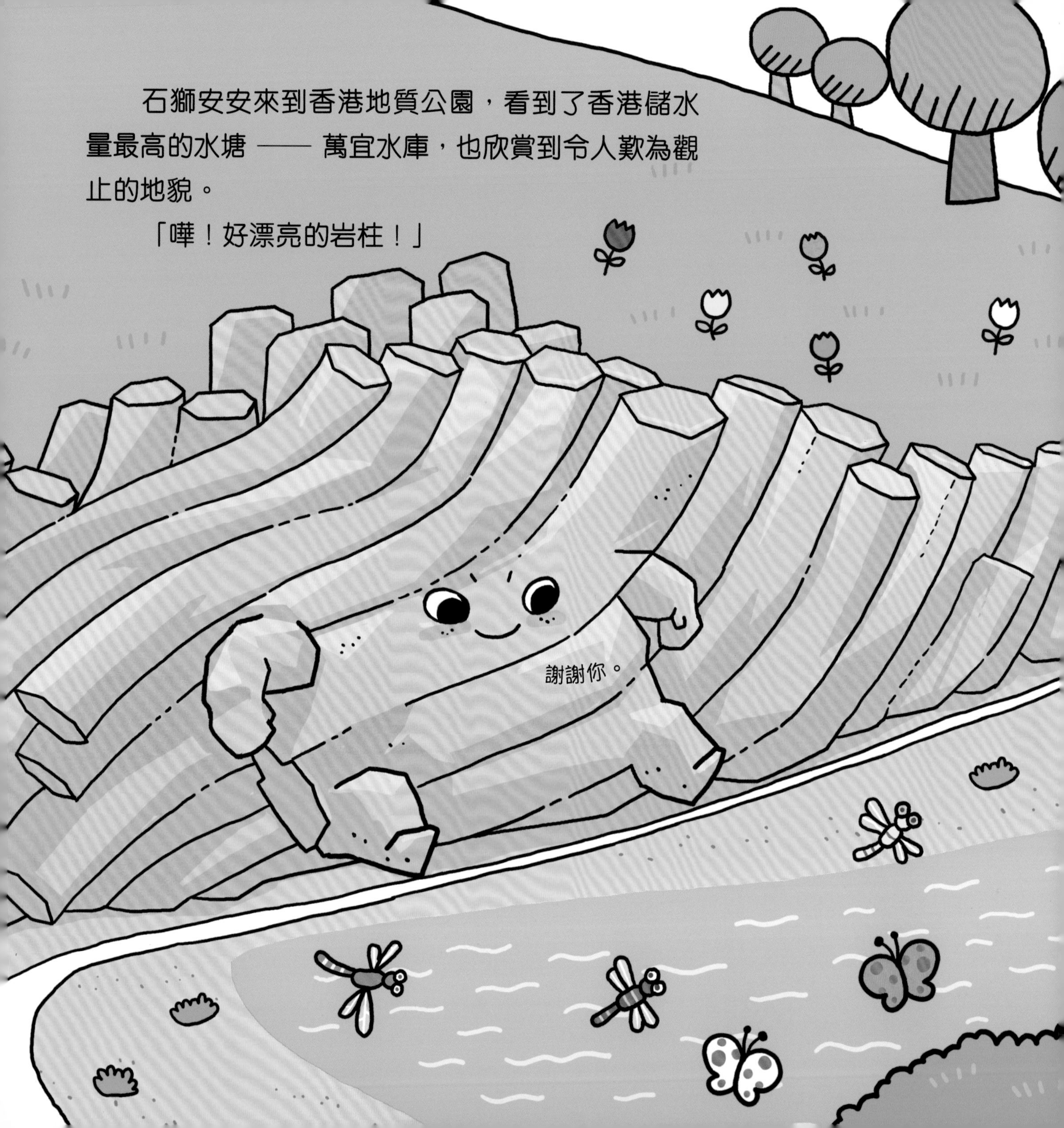

這兒有着世界級的S形六角柱，它們是在遠古時期的火山熔岩冷卻過程中形成的。此外，還有一個神秘的海蝕洞。它長年累月受海浪拍打，有些較脆弱的岩石便會掉下，形成洞穴。
六角柱叔叔，你長得真漂亮！
這海蝕洞好像很深呢。
知識加油站
S形六角柱是怎樣形成的？
火山爆發後，熔岩在火山口冷卻變硬，岩石逐漸形成。岩石繼續向中心部分及向下垂直收縮，形成六角柱。在岩石未凝固時，發生了地震，把垂直的岩柱扭曲，便成了S形六角柱。

第二天，石獅安安乘船來到東平洲。他聽說那裏的沉積岩是香港地貌中的年輕一輩呢。

這兒有像樓房的海蝕柱、只在退潮時出現的海蝕平台、層層疊疊像千層糕的頁岩等等，十分精彩。

知識加油站

海蝕柱是怎樣形成的？

它原本是一塊巨大的沉積岩，受地殼變動等影響產生了裂隙，再經風和海浪長期侵蝕，岩石中間部分塌下，形成兩條海蝕柱。

石獅安安好奇地望着頁岩，說：「頁岩哥哥，你的外貌真特別，就像一頁頁的書本呢。」

「你說得對，因為我是沉積岩的一種，由沙、土等一層層堆積起來而形成的。」頁岩說，「在我生長期間，這裏的地殼沒有發生大變動，所以我長得層次分明。」

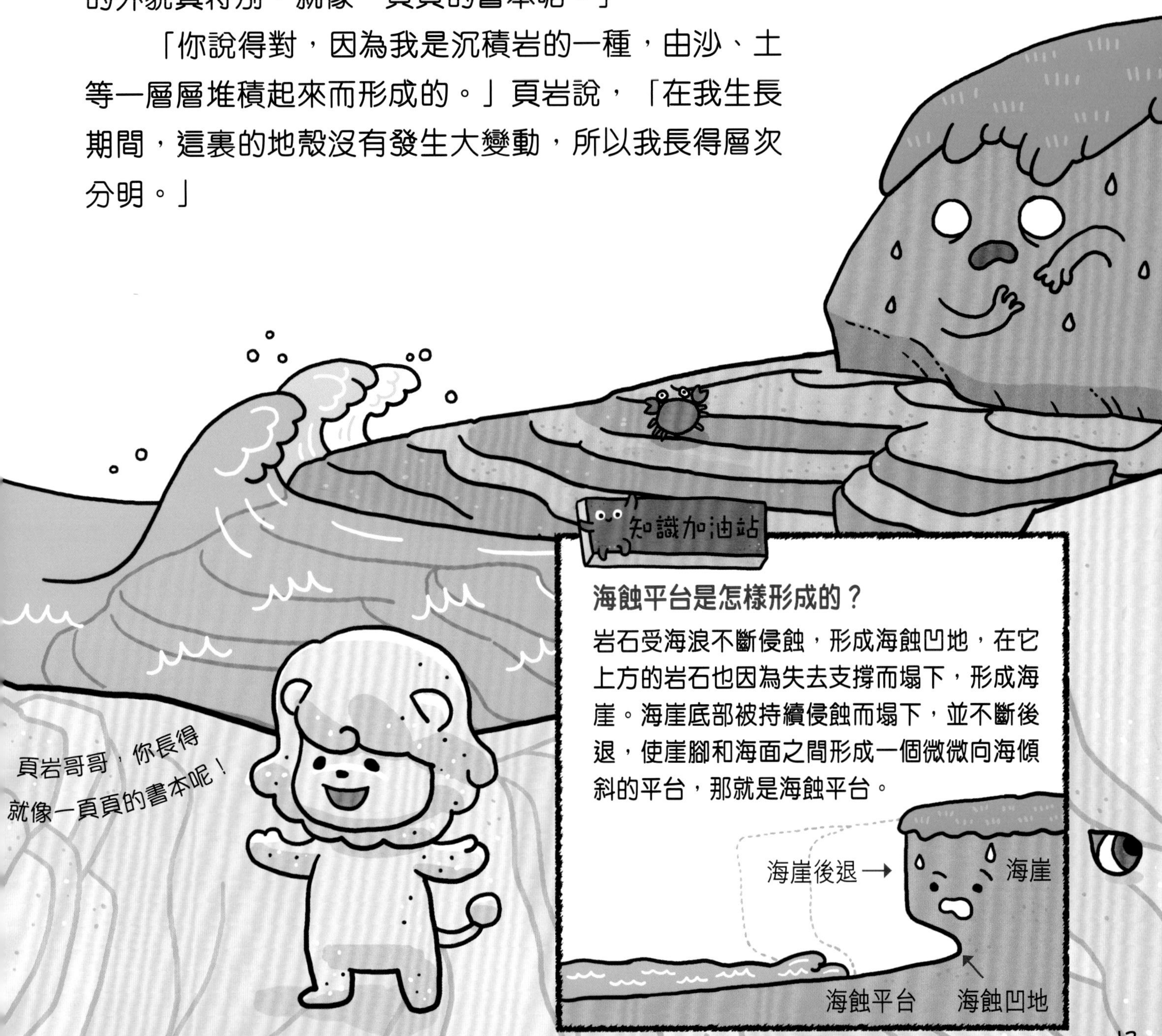

海蝕平台是怎樣形成的？

岩石受海浪不斷侵蝕，形成海蝕凹地，在它上方的岩石也因為失去支撐而塌下，形成海崖。海崖底部被持續侵蝕而塌下，並不斷後退，使崖腳和海面之間形成一個微微向海傾斜的平台，那就是海蝕平台。

東平洲雖美，但其他離島也很有特色！石獅安安來到了橋咀洲。這裏面積雖小，卻是個郊野公園。這兒有一個小小的連島沙洲，一年中只有某些退潮的時間可以步行而過。

另外，這兒還有一條地質步道。從橋咀洲的沙灘出發，先欣賞出名的、菠蘿包形狀的石英二長岩，然後經過連島沙洲，來到對面名為橋頭的小島作為終點站。

知識加油站

潮汐是什麼？

太陽和月球的引力加起來，會對地球的海水、江水和湖水產生影響，讓海平面時而升高、時而下降。人們會在海灣處建立潮汐發電站，利用潮汐能來發電，屬於環保的發電方式。

知識加油站

什麼是連島沙洲？

連島沙洲源自於兩個陸地或小島，因為水流長年累月沖刷，將沙石堆積起來，慢慢形成一個沙堤，將兩個陸地或小島相連起來。雖然可讓人行走，但也常因潮漲而被淹沒！

接着，石獅安安來到天水圍的濕地公園。這兒的設立是為了保護生物多樣性，所以在淡水沼澤、泥灘、紅樹林中，到處都是難得一見的野生動植物！石獅安安認識了很多新朋友，還一起跳舞呢。

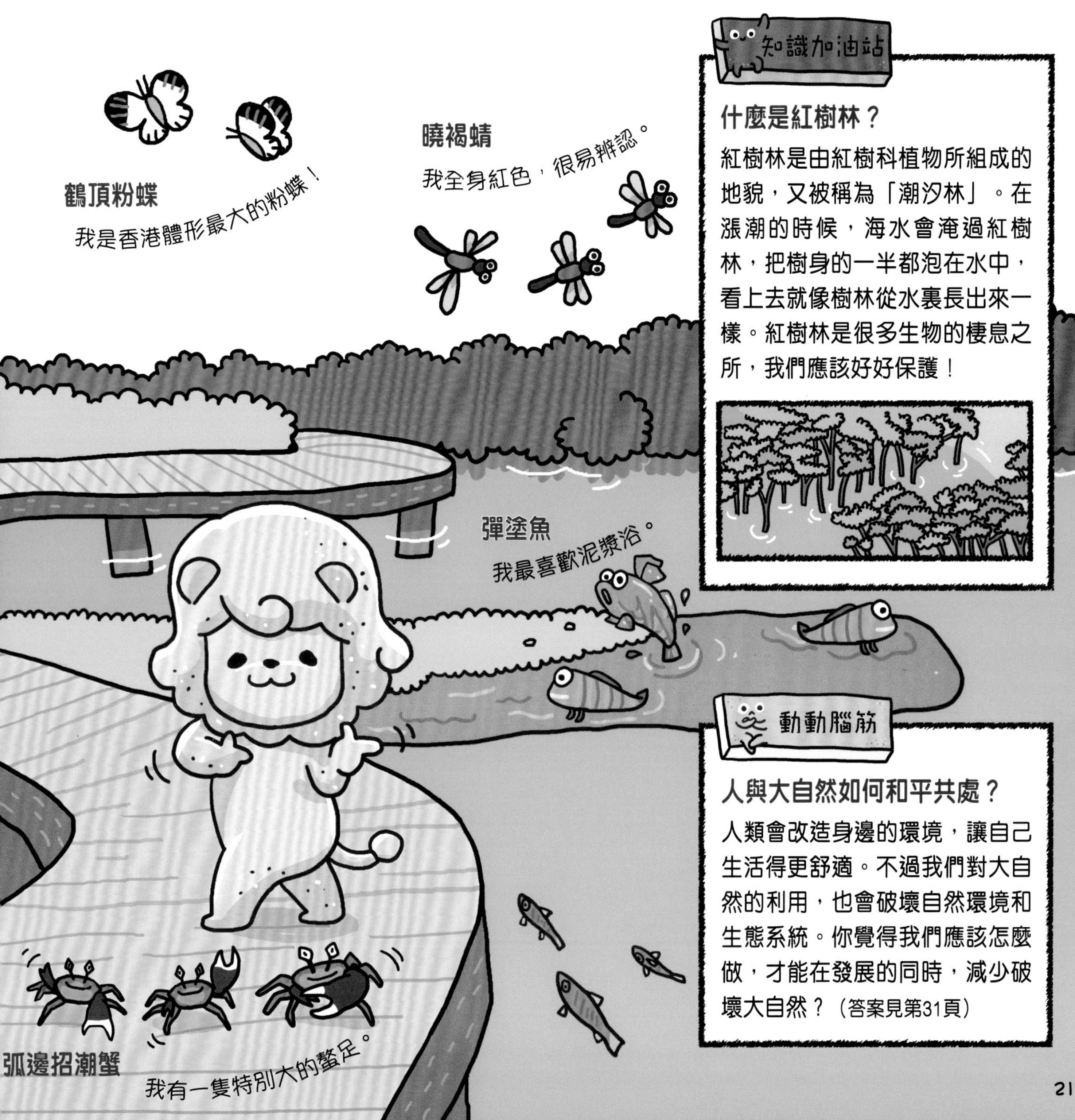
鶴頂粉蝶
我是香港體形最大的粉蝶！
曉褐蜻
我全身紅色，很易辨認。
知識加油站
什麼是紅樹林？
紅樹林是由紅樹科植物所組成的地貌，又被稱為「潮汐林」。在漲潮的時候，海水會淹過紅樹林，把樹身的一半都泡在水中，看上去就像樹林從水裏長出來一樣。紅樹林是很多生物的棲息之所，我們應該好好保護！
彈塗魚
我最喜歡泥漿浴。
動動腦筋
人與大自然如何和平共處？
人類會改造身邊的環境，讓自己生活得更舒適。不過我們對大自然的利用，也會破壞自然環境和生態系統。你覺得我們應該怎麼做，才能在發展的同時，減少破壞大自然？（答案見第31頁）
弧邊招潮蟹
我有一隻特別大的螯足。

跟新朋友依依不捨的道別後，石獅安安再次乘船出海，準備探訪一羣特別的朋友。

海上，一條漂亮的中華白海豚突然從水中鑽出，跟石獅安安熱情地招手，說：「歡迎來到大嶼山西南海岸公園！」

這個公園的設立主要是為了保護中華白海豚的棲息地。這兒還有個地方名叫「分流」，因能看見鹹淡水域的分界線而得名。

知識加油站

中華白海豚有什麼特徵？

中華白海豚出沒在香港屯門和大嶼山一帶。牠們有一個有趣的特徵，就是牠們在剛出生時，全身都是深灰色的，但隨着年齡的增長，就會漸漸變成粉紅色，好可愛呢！

在大嶼山除了海岸公園，還有香港最長的沙灘 —— 長沙泳灘。它有3公里那麼長！

石獅安安捧起沙子，說：「這裏的沙真幼細！」

長沙泳灘高興地說：「多謝讚賞！我是由海浪帶來的沙石，經過慢慢沉積而形成的，可說是大自然用心塑造出來的傑作啊！」

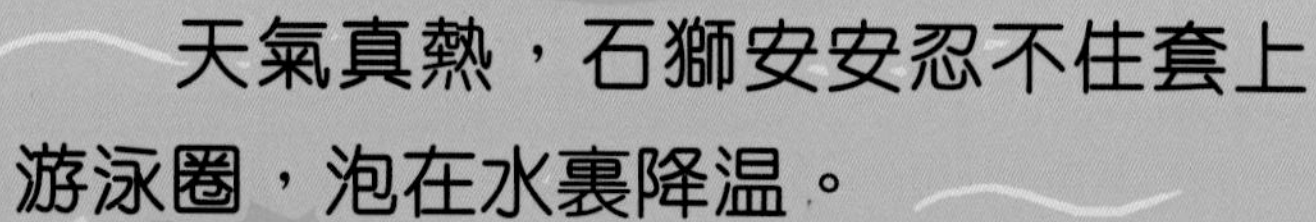

天氣真熱，石獅安安忍不住套上游泳圈，泡在水裏降温。

知識加油站

香港的氣候是怎樣的？

香港位於亞熱帶，氣候相對溫暖，在夏天時更格外炎熱和潮濕，所以很多市民都會在周末到香港的各大泳灘消暑。香港共有42個由康樂及文化事務署管理的泳灘，全部都設有救生員呢！安全第一最重要。

在離島玩了半天，石獅安安來到市區，去了尖沙咀海旁。

看到眼前的景象，石獅安安不禁感歎人類改造地貌的能力越來越強，本來是一個小小的漁港，現在卻到處都是高聳入雲的高樓大廈。

維多利亞港告訴石獅安安，人類為了增加可用的土地，不斷填海發展，但也造成了環境問題。在城市發展和保護環境之間，怎樣取得平衡呢？這是個值得思考的問題。

知識加油站

香港有哪些地方是填海得來的？

香港曾經進行多項填海工程，很多現時繁華的地區都是由填海得來的，例如：中環、灣仔、銅鑼灣等等。不過，填海也帶來了不少生態問題，引起人們的關注。

動動腦筋

填海是好是壞？

維多利亞港港闊水深，是一個優良港口，可以說是使香港由漁港發展成經濟城市的一個重要因素。但因為填海的關係，維多利亞港的面積也不斷減少。你認為填海對香港有什麼好處和壞處？（答案見第31頁）

石獅安安走到這兒，差不多把香港的各種主要地貌都探訪了一遍，是時候回家去啦！

回程時，他心裏不斷想着：「香港的眾多著名地貌，到底誰是第一名？這些地貌，全都有着自己的特色和歷史，要選出冠軍，真的很難！」

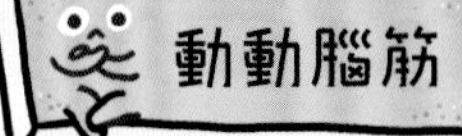

哪個地貌最漂亮？

謝謝大家陪伴石獅安安探訪這些香港的著名地貌！現在，請大家齊齊來幫石獅安安想想，應該選誰作為地貌比賽的冠軍呢？

回到家後，石獅安安問：「爸爸，我應該選誰做香港地貌的冠軍呢？」

石獅爸爸大笑起來，回答道：「石獅安安，你探訪過的地貌每個都是獨一無二、無可替代，怎麼可能分出勝負呢？我覺得最大的贏家，就是有機會近距離欣賞這些著名地貌的每一個人。」

石獅安安點點頭說：「對呀！為了讓更多人可以欣賞到這些漂亮的地貌，我們就要好好愛護環境！」

「動動腦筋」答案：

P.5 ：政府於上世紀70年代在沙田海填海以獲得土地，令望夫石距離海邊越來越遠。

P.21：（參考答案）研發高新技術，在建築的時候減少對環境造成破壞、向市民加強宣傳愛護環境的方法和重要性、做好城市規劃，預留足夠土地來保育大自然。

P.27：（參考答案）好處：增加可使用的土地、填海所得的新地可給政府售出，增加收入、沒有收地所帶來的問題。壞處：破壞海洋生態、填海使海港收窄，令水流變急，影響船隻航行、影響自然景觀。

P.29：略

P.30：（參考答案）善用「環保 3R」（Reduce 減少使用，Reuse 物盡其用， Recycle 循環再造）

石獅安安愛遊歷

誰是香港地貌冠軍？

作者：麥曉帆
繪者：李成宇
責任編輯：潘曉華
美術設計：李成宇
出版：新雅文化事業有限公司
香港英皇道499號北角工業大廈18樓
電話：(852) 2138 7998
傳真：(852) 2597 4003
網址：http://www.sunya.com.hk
電郵：marketing@sunya.com.hk
發行：香港聯合書刊物流有限公司
香港新界大埔汀麗路36號中華商務印刷大廈3字樓
電話：(852) 2150 2100
傳真：(852) 2407 3062
電郵：info@suplogistics.com.hk
印刷：中華商務彩色印刷有限公司
香港新界大埔汀麗路36號
版次：二〇二〇年七月初版
二〇二四年三月第三次印刷

ISBN: 978-962-08-7551-9

18/F, North Point Industrial Building, 499 King's Road, Hong Kong
Published in Hong Kong SAR. China
Printed in China

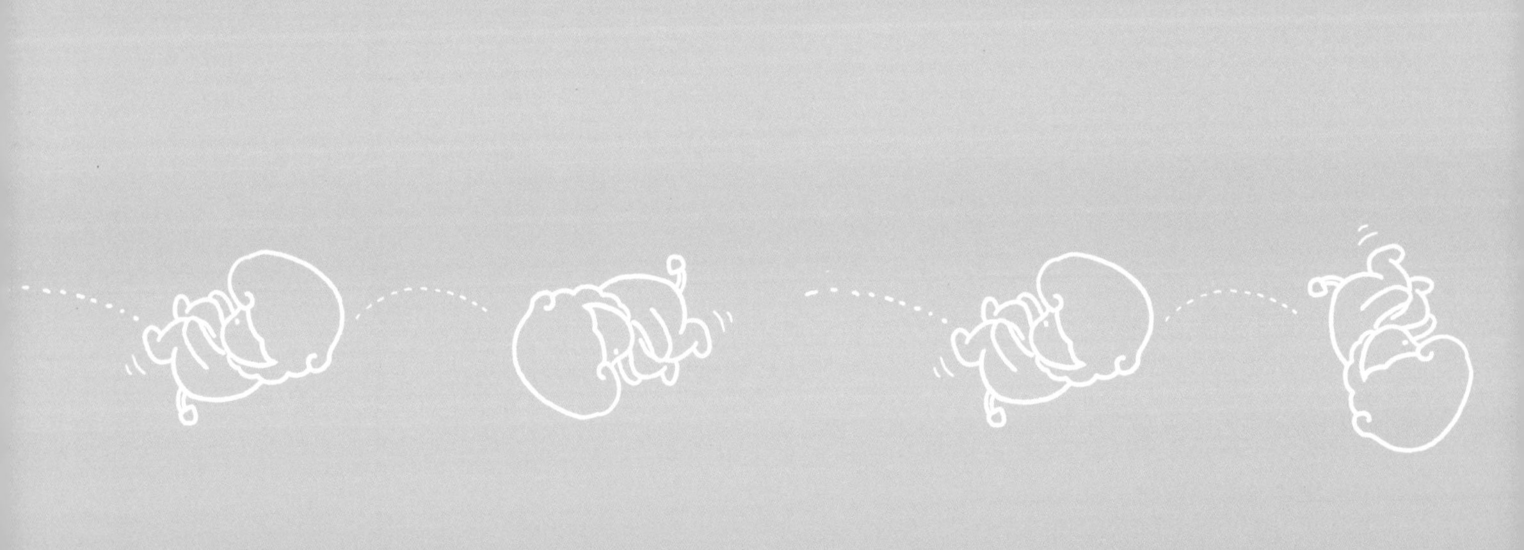